NO PUEDES LLEVAR ESOS GENES

SHIRLEY DUKE

Rourke Educational Media
rourkeeducationalmedia.com

www.rourkeeducationalmedia.com

Photo credits: Mark Evans/iStockphoto, cover; Andrey Volodin/iStockphoto, cover, 1; Supri Suharjoto/Shutterstock Images, 4; AP Images, 5; Dorling Kindersley, 6, 9, 10, 13, 14, 16, 18, 26, 30, 35, 39; Ben Greer/iStockphoto, 7; Nicholas Monu/iStockphoto, 8; Jaren Jai Wicklund/Shutterstock Images, 11 (top); Monika Adamczyk/iStockphoto, 11 (middle); Oleg Prikhodko/iStockphoto, 11 (bottom); Eugene Llacuna/iStockphoto, 12; iStockphoto, 15 (left), 17, 19; Erik Lam/iStockphoto, 15 (right); David H. Lewis/iStockphoto, 20; Hulton Archive/Getty Images, 21; Shutterstock Images, 22, 23; Radu Razvan/iStockphoto, 24; Filippova Olga/iStockphoto, 25; Liza McCorkle/iStockphoto, 27; Linda Kloosterhof/iStockphoto, 28; Michael Krinke/iStockphoto, 29; Vladimír Vítek/iStockphoto, 31; Phil Morley/iStockphoto, 32; G W Willis/Photolibrary, 33; David Marchal/iStockphoto, 34, 40; Skip Odonnell/iStockphoto, 36; Paul Sakuma/AP Images, 37; Evan Vucci, File/AP Images, 38; Alexandre Meneghini/AP Images, 41; Red Line Editorial, Inc., 42; Valentin Vitanov/Fotolia, 42 (top); Paul Laroque/Fotolia, 42 (bottom); AP Images, 43; Monkey Business Images/Shutterstock Images, 44; Shutterstock Images, 45

Editor: Holly Saari

Translated by: Dr. Arnhilda Badía

Cover and page design: Kazuko Collins

Content Consultant: Richard K. Wilson, PhD, Professor of Genetics and Molecular Microbiology, Washington University, St. Louis, Missouri

Library of Congress Cataloging-in-Publication Data

Duke, Shirley Smith.
No puedes llevar esos genes / Shirley Duke.
p. cm. -- (Exploremos las Ciencias)
Includes bibliographical references and index.
ISBN 978-1-68342-129-0 (hard cover)(alk. paper)
ISBN 978-1-68342-130-6 (soft cover)
ISBN 978-1-68342-131-3 (ebook)
Library of Congress Control Number: 2016946738
1. Genetics--Juvenile literature. I. Title.
QH437.5.D85 2011
576.5--dc22

2010009911

Rourke Educational Media
Printed in the United States of America,
North Mankato, Minnesota

Rourke Educational Media

rourkeeducationalmedia.com

customerservice@rourkeeducationalmedia.com • PO Box 643328 Vero Beach, Florida 32964

Contenido

Capítulo 1

TODO ESTÁ EN LOS GENES

"Sacaste los ojos verdes de tu madre."

"La barbilla es de tu padre."

"Tienes la habilidad musical de tus padres."

La gente siempre presta atención a los rasgos o características que son similares entre padres e hijos. Algunos de estos rasgos, como el color de los ojos o un hoyuelo en la barbilla, saltan a la vista. Otros rasgos, como el tipo de sangre y la personalidad, no se pueden observar.

Los científicos que estudian la genética son genetistas.

Los padres transmiten rasgos a su **descendencia** o hijos. Los descendientes mantienen esos rasgos heredados el resto de sus vidas. La **genética** es la rama de la ciencia que estudia cómo se transmiten esos rasgos.

Para entender cómo funciona la genética, mira el interior de una célula. Todos los seres vivos están formados por células pequeñas, como las células de la piel, las células nerviosas y las células sanguíneas.

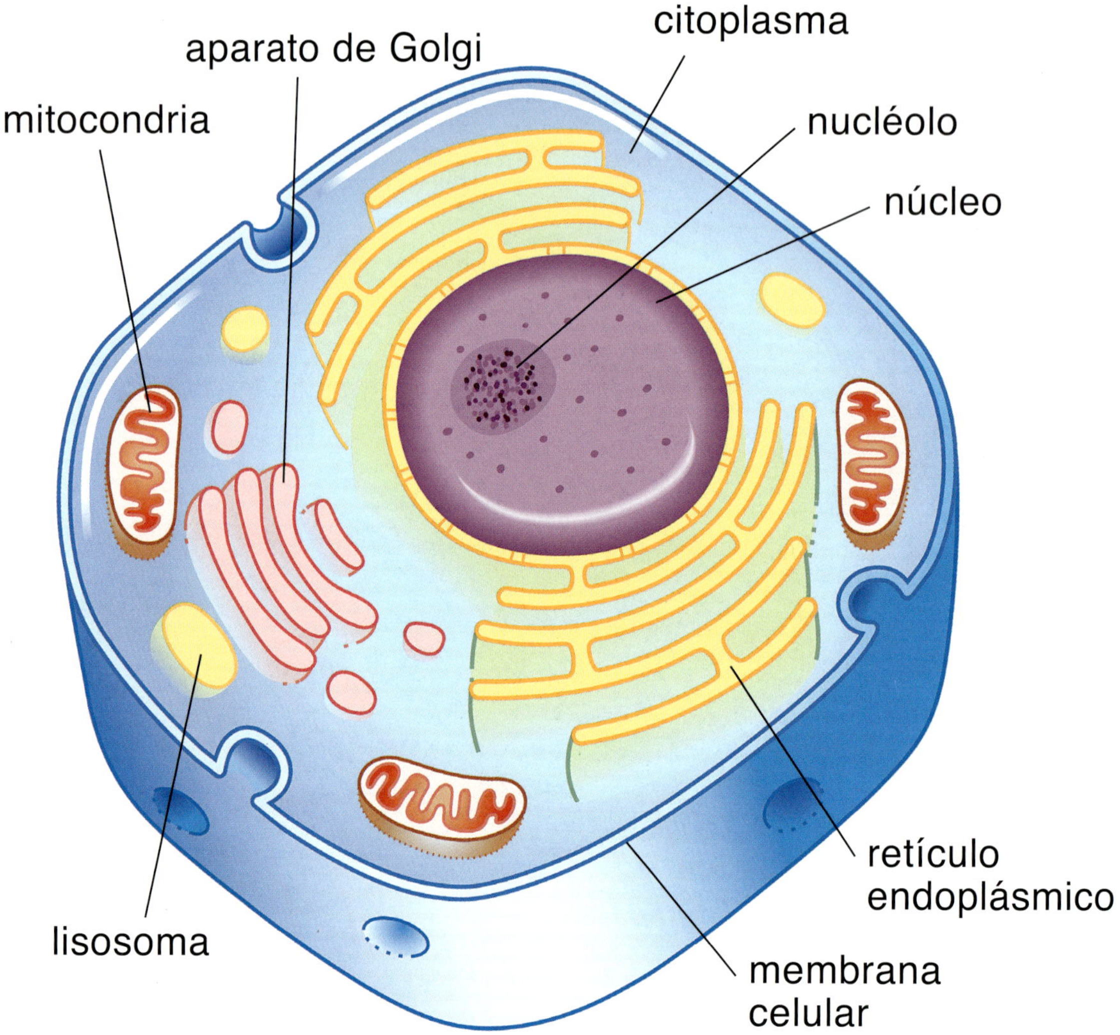

Cada célula tiene un núcleo, que es el centro de control de la célula. Cada núcleo lleva toda la información que un ser vivo necesita para crecer, vivir y reproducirse. Esta información está herméticamente almacenada en una espiral parecida a una cuerda o manguera enrollada. Esta espiral está formada por estructuras largas y filiformes llamadas **cromosomas**.

El **ácido desoxirribonucleico** o ADN, forma los cromosomas. El ADN es el centro mismo de la genética. Una molécula de ADN es increíblemente compleja. Se parece a una escalera de caracol. Cuatro bases, o bloques de construcción básicos, constituyen los "peldaños" de la escalera. Las bases siempre aparecen en pares. Cada peldaño de la escalera está formado por dos de las cuatro bases.

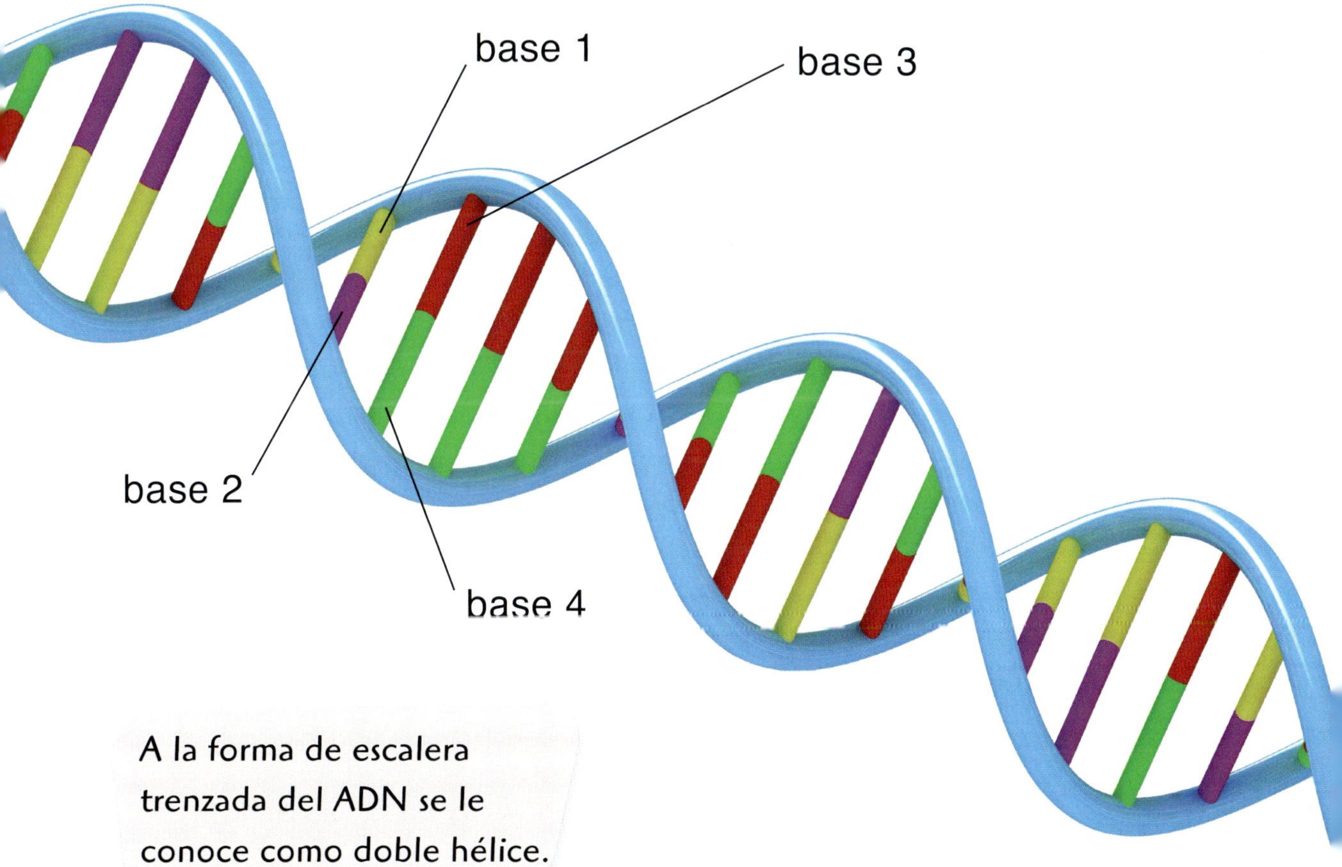

A la forma de escalera trenzada del ADN se le conoce como doble hélice.

¿SABÍAS QUE...?

Los rasgos hereditarios no pueden explicar todo acerca de por qué los seres vivos se ven y actúan de la forma que lo hacen. El medio ambiente y las experiencias de cada individuo también juegan un papel importante. Los rasgos que no se heredan son rasgos adquiridos. Por ejemplo, los grandes músculos de un atleta que levanta muchas pesas, es un rasgo adquirido.

El orden de los peldaños y la combinación de las bases constituyen una especie de código. El código contiene instrucciones acerca de cómo un organismo vivo debe crecer, cambiar y funcionar. El ADN es la razón por la que las especies son distintas. Los bebés humanos nacen siempre de seres humanos, los gatitos nacen de gatos, y de los girasoles crecen más girasoles.

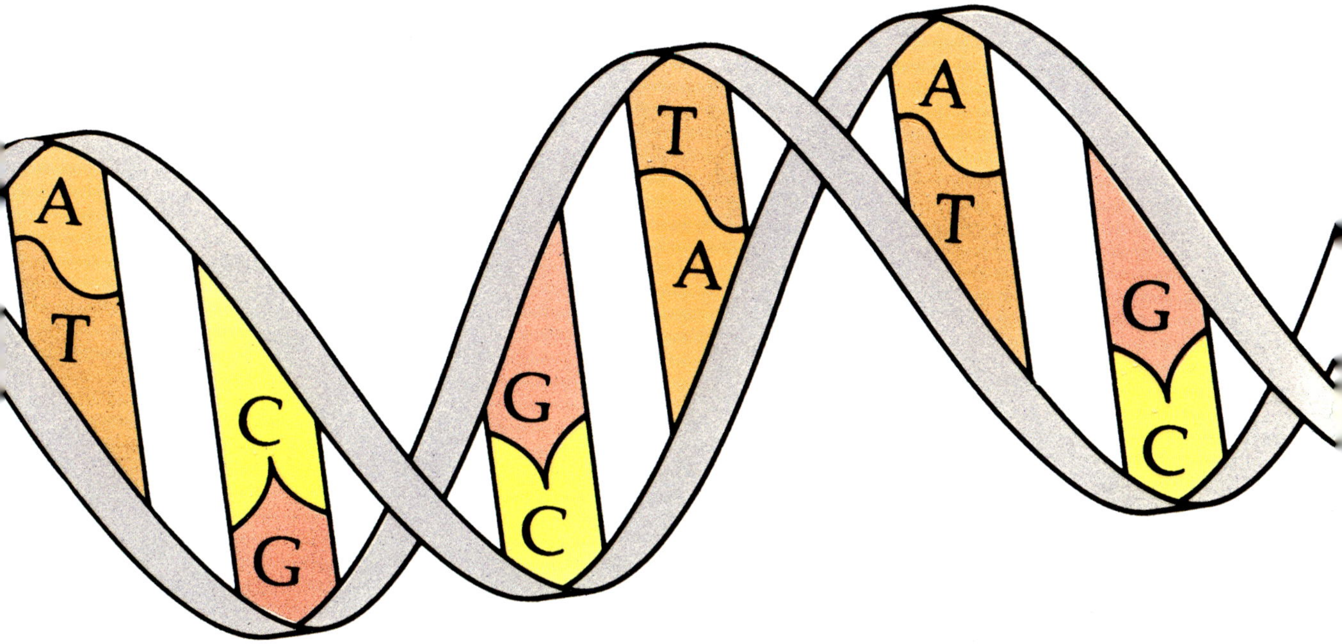

Las cuatro bases del ADN son adenina, timina, guanina y citosina. La adenina sólo se une con la timina. La guanina sólo se une con la citosina. Los científicos a menudo se refieren a las bases por su letra inicial.

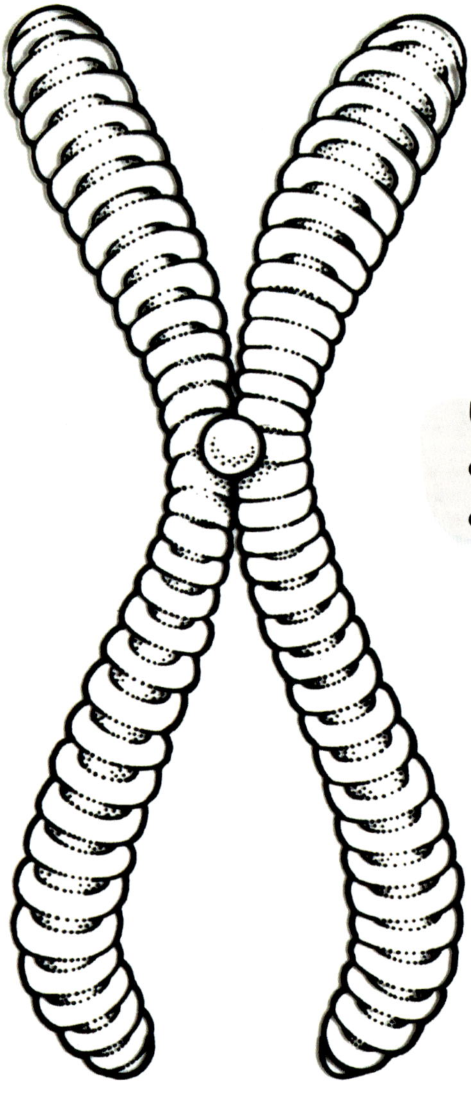

Un cromosoma se compone principalmente de genes.

Un **gen** se compone de sólo una pequeña sección de una escalera de ADN. En los seres humanos, una sola molécula de ADN contiene de 20.000 a 25.000 genes. Cada gen lleva sólo una parte del código. Transmite sus instrucciones a través de reacciones químicas que ocurren dentro de la célula.

¿SABÍAS QUE...?

¿Puedes mover tus orejas? Si es así, has heredado ese rasgo de tus padres. Aquí están algunos otros rasgos que se transmiten a través de los genes:

- Cuando sonríes, ¿se te marcan hoyuelos en tus mejillas? Lo más probable es que le ocurra lo mismo a otra persona de tu familia. Los hoyuelos se heredan.
- Mira los dedos de tus pies. ¿Es el segundo dedo más largo o más corto que el dedo gordo del pie? La respuesta a esa pregunta depende de tus genes.
- Extiende el pulgar. ¿Hasta dónde lo puedes doblar hacia atrás? Algunas personas no pueden doblarlo hacia atrás en lo absoluto. Otras pueden doblarlo completamente hacia atrás. Cuánto se dobla depende del ADN.

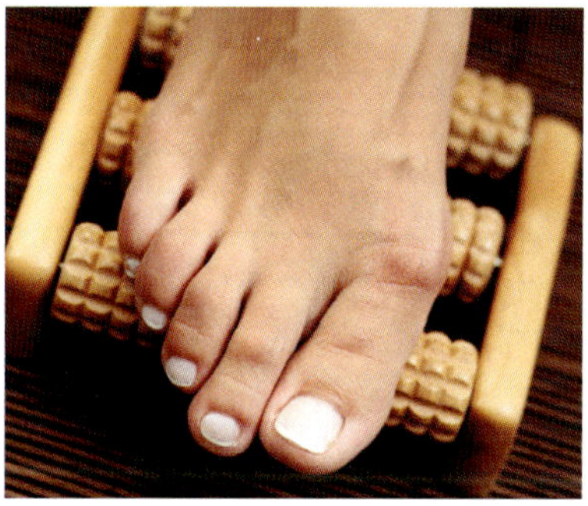

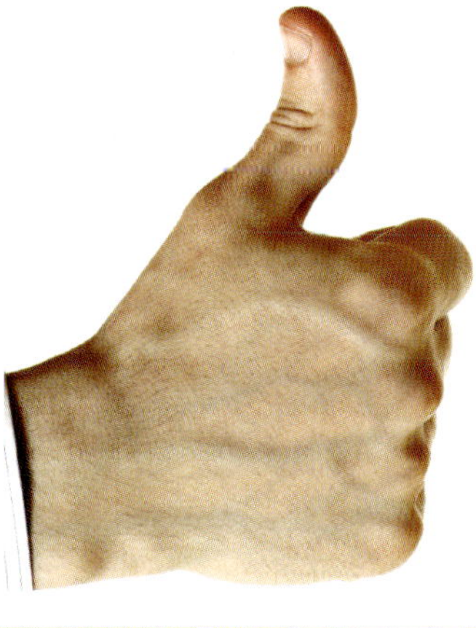

Capítulo 2

DE CÉLULA A CÉLULA

Las células hacen que una persona crezca y se desarrolle. También hacen gran parte del trabajo del cuerpo. Al hacer este trabajo, las células se desgastan y mueren. Nuevas células deben crearse constantemente. Necesitan ADN para proveer el modelo, o plan maestro.

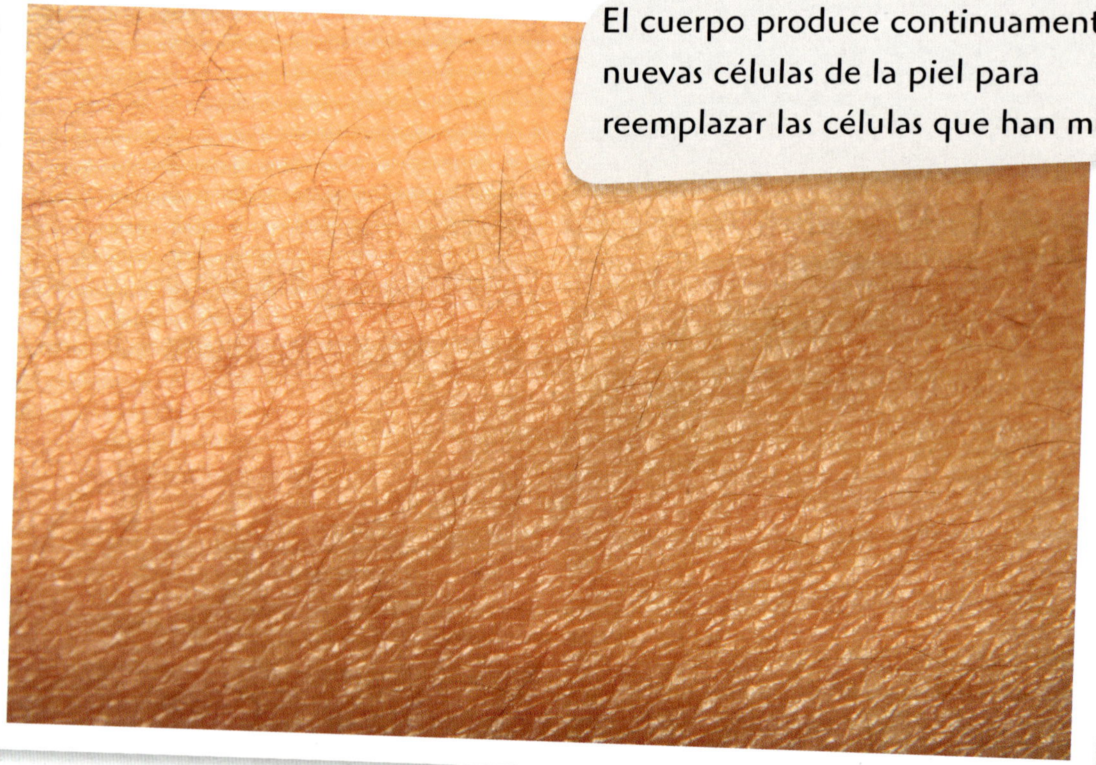

El cuerpo produce continuamente nuevas células de la piel para reemplazar las células que han muerto.

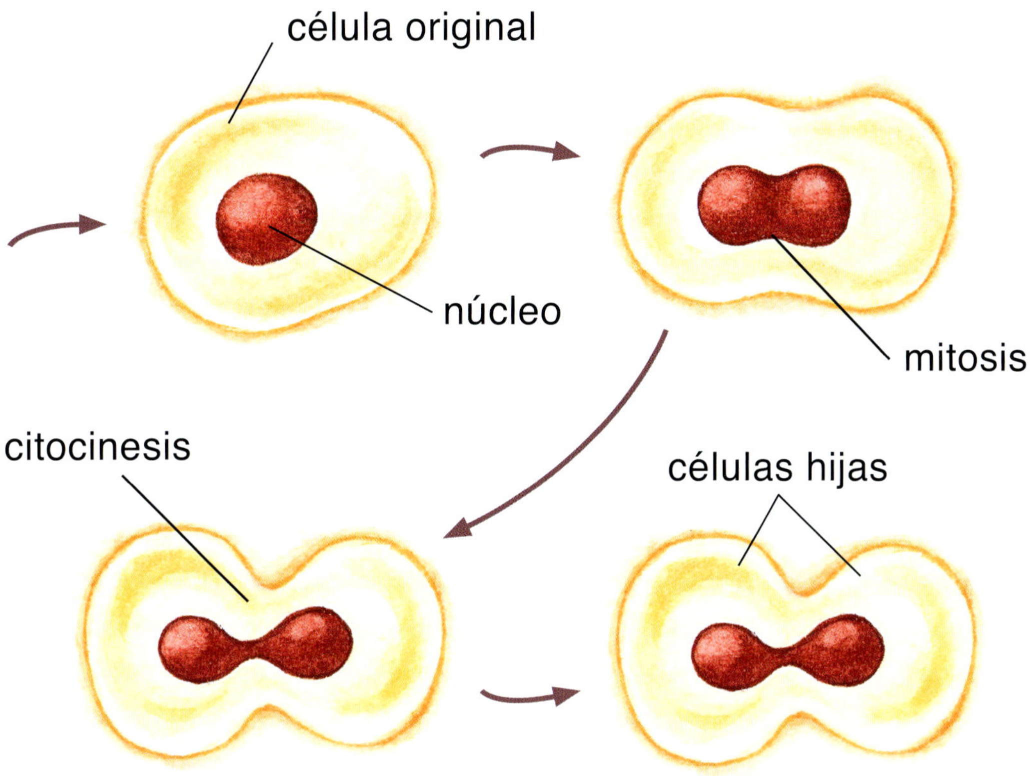

Las células del cuerpo se dividen durante los procesos llamados mitosis y citocinesis. El núcleo se divide durante la mitosis. El resto de la célula se divide durante la citocinesis.

Una célula crea otra célula dividiéndose en dos. A diferencia de la división de un número en matemáticas, una célula que se divide no se hace más pequeña. Crea una nueva célula exactamente igual a sí misma. Cada célula tiene que mantener el mismo número de cromosomas en su núcleo. En los seres humanos, cada célula tiene 46 cromosomas agrupadas en 23 pares.

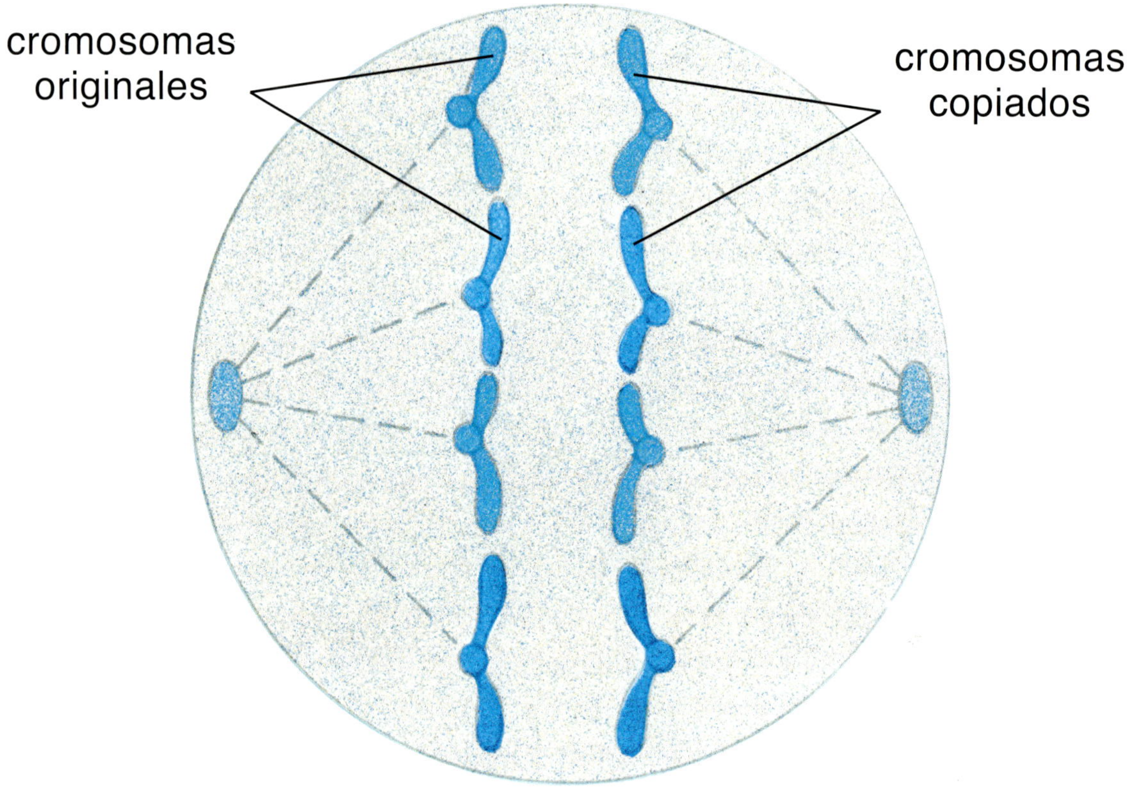

Cuando un núcleo se prepara para dividirse, los cromosomas originales y sus copias se alinean en el centro del núcleo. Luego se mueven a lados opuestos dentro de la célula.

Cuando una célula está lista para dividirse, hace una copia de cada cromosoma en su núcleo. Los cromosomas se separan y se apartan. Después, la célula se estrecha por el centro y se divide en dos células. Cada célula copiada es exactamente igual a la célula original. Cada una tiene un conjunto completo de 46 cromosomas.

¿SABÍAS QUE...?

No todos los organismos vivos tienen el mismo número de cromosomas en sus células. Los seres humanos tienen 23 pares de cromosomas, pero los gatos tienen 19 pares y el trigo tiene 21 pares. ¡Una especie de helecho tiene aproximadamente 630 pares de cromosomas por célula! No existe ninguna relación entre la complejidad de un ser vivo y cuántos cromosomas tiene.

Capítulo 3

¿NIÑO O NIÑA?

Las células sexuales —óvulos y espermatozoides— al principio se dividen como otras células del cuerpo. Después de copiar los cromosomas, las células se dividen. Entonces estas nuevas células se dividen de nuevo. Pero esta vez, los cromosomas no se copian. Cada espermatozoide y óvulo termina con 23 cromosomas individuales.

Las células sexuales se dividen durante un proceso llamado meiosis.

Si el óvulo y el espermatozoide se unen, se crea un ser vivo. Tendrá 46 cromosomas —con la mitad de la madre y la otra mitad del padre. Esta mezcla de cromosomas permite un gran número de combinaciones de genes. Las características de la nueva persona las heredarán de sus padres. Sin embargo, la persona tendrá su propia y única composición genética.

¿SABÍAS QUE...?

El ADN puede darle un vistazo a tu historia familiar. Las pruebas de ADN ahora pueden mostrar si dos personas están relacionadas y si proceden de un mismo antepasado.

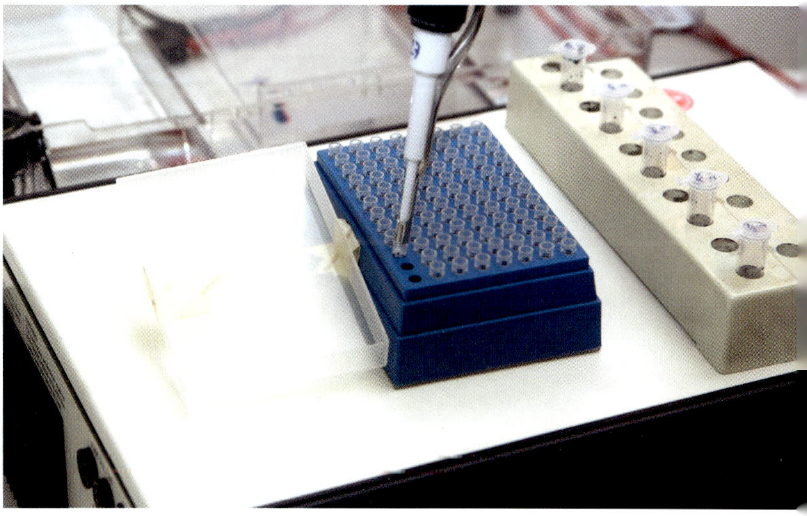

El padre es el que determina el sexo del bebé. Si transmite una Y, el bebé es varón. Si transmite una X, el bebé es hembra.

De los 23 pares de cromosomas, un par contiene los genes que determinan si un niño, o una niña, se desarrollará. Estos cromosomas se llaman X e Y. Cuando un espermatozoide y un óvulo se combinan, dos combinaciones son posibles: XY y XX. Una combinación XY significa que se desarrollará un varón. Una combinación XX significa que se desarrollará una hembra.

La madre sólo puede contribuir un cromosoma X. Sin embargo, el padre puede contribuir un cromosoma X o un cromosoma Y. Por lo tanto, el padre determina si la descendencia será un niño o una niña.

Capítulo 4

¿CÓMO SE COMBINAN LOS RASGOS?

Durante siglos, los agricultores guardaban sus mejores semillas del año para plantar y cultivar las cosechas del próximo año. Las personas notaban que ciertos rasgos en los cultivos se transmitían, pero nadie entendía cómo sucedía esto.

Mendel estudió ciencias y matemáticas en la Universidad de Viena.

Gregor Mendel fue un monje de un monasterio austríaco. En el siglo XIX, en los jardines e invernadero del monasterio, él **cruzó** cuidadosamente plantas de guisantes. Quería ver lo que sucedería cuando las plantas con diferentes características se reprodujeran. Mendel estudió siete rasgos característicos, como los colores de las flores de guisantes y las formas de las semillas.

Mendel sacó el polen de la flor de una planta de guisante y lo aplicó en la flor de otra planta. El polen es un polvo fino que las plantas utilizan para reproducirse. Resultó que la flor de la segunda planta se reprodujo y creó semillas. Mendel observó las nuevas plantas y registró sus hallazgos. Continuó cruzando las nuevas plantas.

Mendel cruzó plantas de flores púrpuras con plantas de flores blancas. Todas las plantas resultantes tenían flores de color púrpura. Pero cuando Mendel cruzó las nuevas plantas entre sí, algunas plantas tenían flores de color púrpura y algunas tenían flores blancas —¡todas provenientes de plantas de flores púrpuras!

En los estudios de Mendel, las plantas de guisantes con flores blancas aparecieron con menos frecuencia que las plantas de guisantes con flores de color púrpura.

Mendel encontró que el alelo de flores púrpuras era dominante en las plantas de guisantes.

Mendel continuó con el proceso durante muchas generaciones de plantas de guisantes. A partir de los resultados, determinó las leyes básicas de la **herencia**. Sus leyes son aplicables a *todas* las formas de vida, no sólo a las plantas de guisantes.

El trabajo de Mendel mostró que los genes existen en pares. En cada par, un gen proviene de la madre y el otro

Los científicos siguen utilizando los resultados de Mendel para estudiar la genética.

proviene del padre. Por lo que un par de genes puede ser transmisor de un cierto rasgo, como el color de una flor.

Sin embargo, cada par de genes puede tener dos versiones, o variedades, de la misma característica. El gen para el color de la flor puede crear pétalos de color blanco o de color púrpura. Una forma diferente de un gen se llama **alelo**. El gen del guisante que determina el color de la flor tiene un alelo que hace crecer flores blancas y un alelo que hace crecer flores púrpuras.

Mendel observó también que, a menudo, un alelo se muestra en una planta, pero el otro está oculto. Él nombró al alelo que aparece el alelo dominante. Cuando estaba presente, ocultaba al alelo recesivo, o escondido.

En otras palabras, cuando se cruzan las flores púrpuras y blancas de guisantes, todas las floraciones nuevas son de color púrpura ya que el púrpura es el rasgo dominante y el blanco es el rasgo recesivo.

¿SABÍAS QUE...?

Tener ojos marrones es un rasgo dominante, y tener los ojos azules es un rasgo recesivo. Esto significa que es probable que una madre de ojos marrones y un padre de ojos azules tengan un niño de ojos marrones. Sin embargo, los padres podrían tener un niño de ojos azules. Para que eso suceda, la madre de ojos marrones tendría que transmitir un gen recesivo de ojos azules.

Sin embargo, dos padres de ojos azules sólo pueden tener niños con ojos azules. Si ambos padres tienen los ojos azules, esto significa que ningún alelo de ojos marrones está presente en ellos. Si estuviese presente, el gen dominante podría enmascarar el gen de los ojos azules. Los únicos genes que los padres pudieran transmitir serían los de ojos azules.

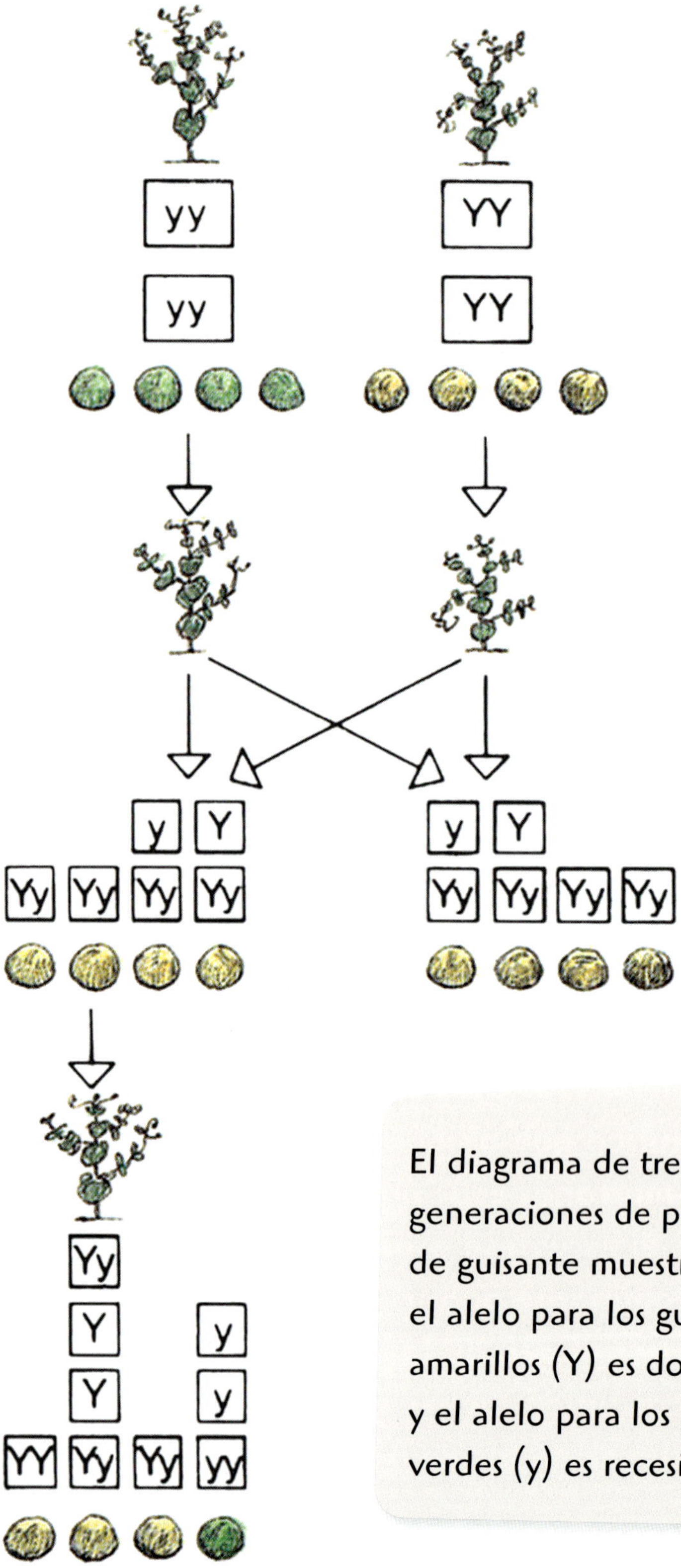

El diagrama de tres generaciones de plantas de guisante muestra cómo el alelo para los guisantes amarillos (Y) es dominante y el alelo para los guisantes verdes (y) es recesivo.

Mendel afirmó que las posibles combinaciones de alelos son casi infinitas. Además, no todos los genes controlan rasgos individuales. Algunos rasgos son controlados por varios genes, incluyendo la altura, el color de ojos y el color de la piel. Estos genes pueden estar en el mismo cromosoma o en varios cromosomas.

¿SABÍAS QUE....?

Los genes en los seres humanos tienen alelos también. Un niño puede tener un alelo para las pecas, mientras que otro miembro de la familia podría tener el alelo sin pecas. El mismo gen controla las pecas. Un alelo dice sí, y el otro dice, no. Tener pecas depende de la combinación de alelos que una persona reciba.

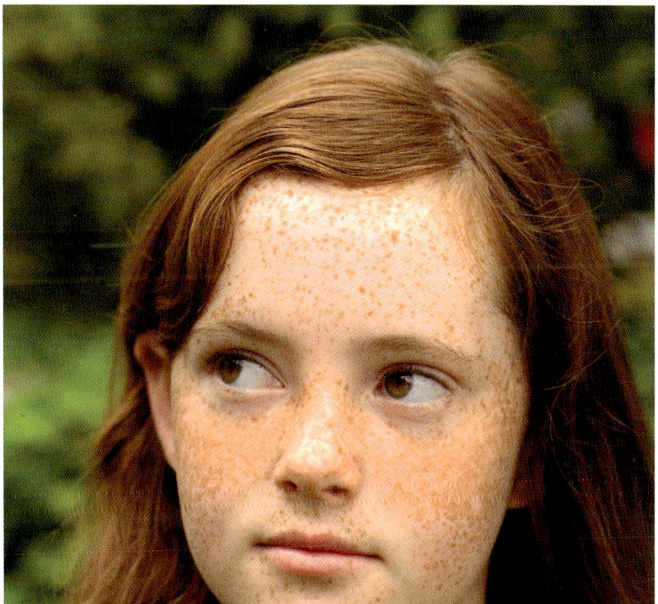

Capítulo 5

GENES PROBLEMÁTICOS

La división celular permite el crecimiento y reemplaza las células desgastadas. Además, mantiene el número correcto de cromosomas en los espermatozoides y los óvulos. El proceso de división también mezcla los genes para permitir la variación o diferencias en la descendencia. Pero a veces, cuando las células se dividen, las cosas salen mal.

Las células suelen dividirse correctamente, lo que mantiene el cuerpo saludable.

Algunos cambios en el código de ADN no afectan la capacidad del cuerpo para funcionar normalmente.

Cuando una célula se divide, los cromosomas se copian. Por lo general, las cuatro bases del ADN se copian exactamente en el orden correcto. Pero a veces, uno de los pares de bases se copia con la base equivocada. A veces, una base extra se incluye en el código. El gen mutado lee el código mal y comete un error al crear una nueva célula.

Muy a menudo, el pequeño cambio no tiene ningún efecto. El cuerpo se adapta al cambio y no ocurre nada. Pero otras veces, sí causa efectos.

Una **mutación** de genes es un cambio permanente en el código de ADN. La mutación puede ocurrir en cualquier par de cualquier escalón en la escalera de ADN, o puede afectar a muchos escalones. Las mutaciones hereditarias se producen cuando un gen mutado se transmite de padres a hijos. Las mutaciones adquiridas son cambios en el ADN que se desarrollan durante la vida de una persona.

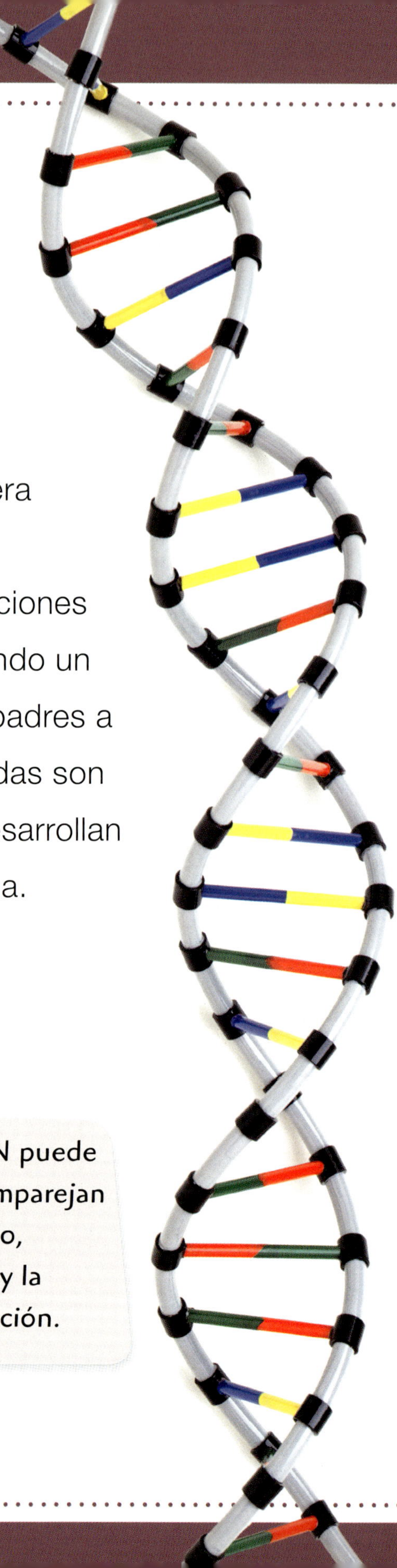

Un cambio en el código de ADN puede ocurrir si las bases del ADN se emparejan de forma incorrecta. Por ejemplo, el emparejamiento de la timina y la guanina podría causar una mutación.

¿SABÍAS QUE...?

Cada célula en el cuerpo humano tiene la misma información genética. Las células de la piel, las del ojo y las del corazón, todas tienen la misma información genética. Por lo tanto, ¿cómo saben las células lo que deben hacer? Algunos genes controlan otros genes y les ordenan cómo activarse y desactivarse. La información sobre el hígado, por ejemplo, puede estar en las células de la piel. Sin embargo, los genes desactivan la información del hígado en la piel y se aseguran de que sólo los genes que dirigen la piel están funcionando.

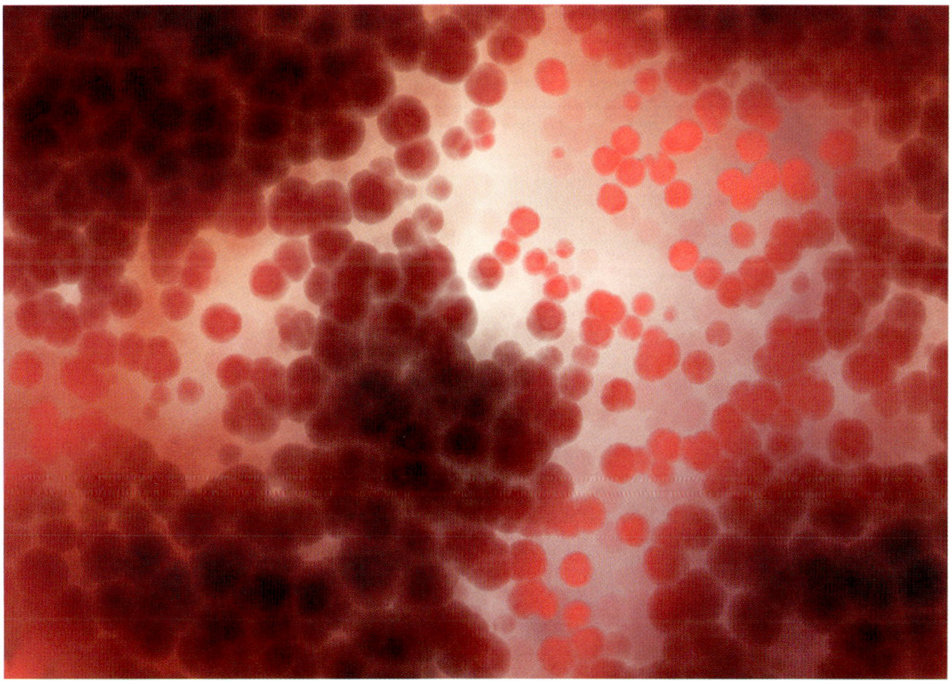

Muchas enfermedades genéticas son recesivas. Una persona puede ser portadora del alelo de la enfermedad, pero en realidad no padece la enfermedad porque el gen normal es dominante. Para que la enfermedad se transmita tiene que venir de ambos padres.

La anemia falciforme es una de esas enfermedades. Ocurre cuando un niño recibe dos genes mutados —uno del padre y el otro de la madre. La anemia es una enfermedad que se produce cuando el cuerpo no tiene suficientes glóbulos rojos sanos.

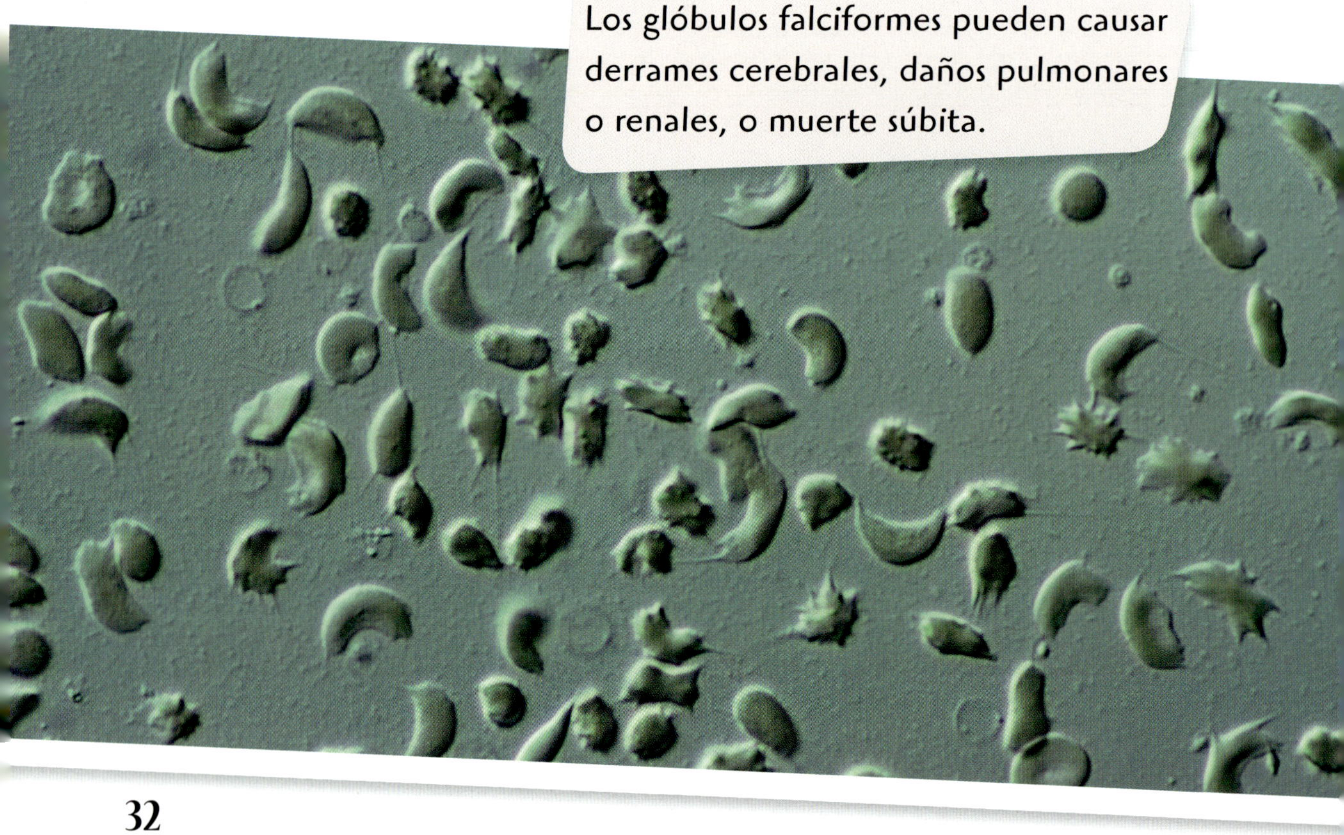

Los glóbulos falciformes pueden causar derrames cerebrales, daños pulmonares o renales, o muerte súbita.

¿SABÍAS QUE...?

Un efecto secundario de ser portador de células falciformes es que la persona es a menudo resistente a la malaria, una enfermedad seria. Ciertos mosquitos son portadores del parásito que transmite la malaria. Con respecto a esta enfermedad, ser un portador de células falciformes proporciona una ventaja genética. La desventaja es que el portador puede transmitir el gen defectuoso a su descendencia.

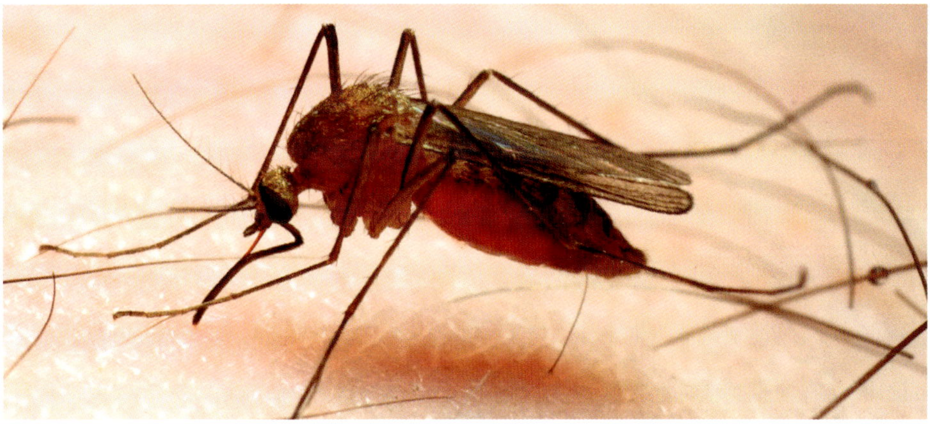

Los glóbulos rojos normales tienen la forma de discos con los centros aplanados. La forma circular de estas células de la sangre les permite deslizarse a través de los vasos sanguíneos. En una persona con anemia de células falciformes, los glóbulos rojos se curvan en los lados.

Esto les impide transportar correctamente el oxígeno, que es la función de las células sanguíneas normales. Estas células curvadas no viven tanto tiempo como los glóbulos rojos normales. A veces, debido a su forma, las células se acumulan y bloquean los vasos sanguíneos. Esto produce dolor y daña los órganos.

Otras enfermedades genéticas también son causadas por problemas cromosómicos. Cada uno de los 46 cromosomas en los seres humanos contiene miles de genes. Alguien que nace con un cromosoma de menos generalmente no sobrevive. Cuando falta un cromosoma, demasiada información genética queda anulada y las

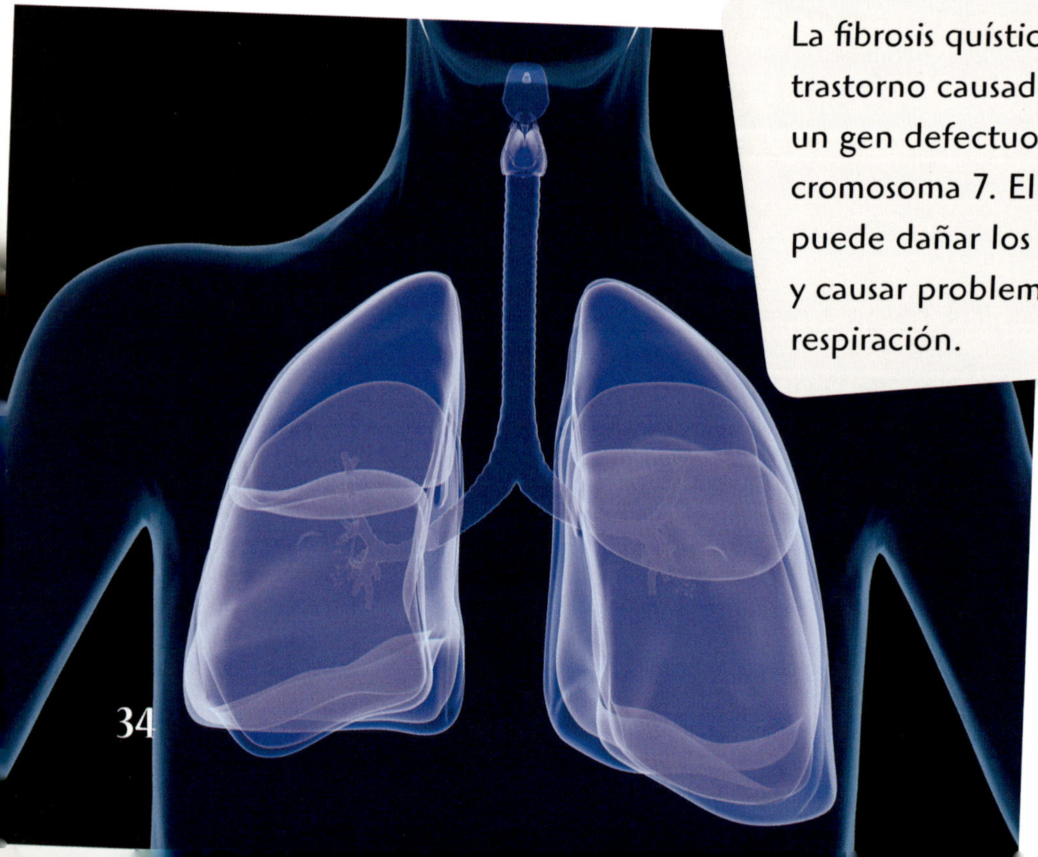

La fibrosis quística es un trastorno causado por un gen defectuoso en el cromosoma 7. El trastorno puede dañar los pulmones y causar problemas con la respiración.

células no se desarrollan adecuadamente.

En algunos casos, una persona puede tener un tercer cromosoma en uno de los pares. Tener un cromosoma adicional causa el síndrome de Down. Este trastorno retrasa el desarrollo mental de una persona y causa características físicas específicas, tales como una nariz aplanada y los ojos rasgados hacia arriba.

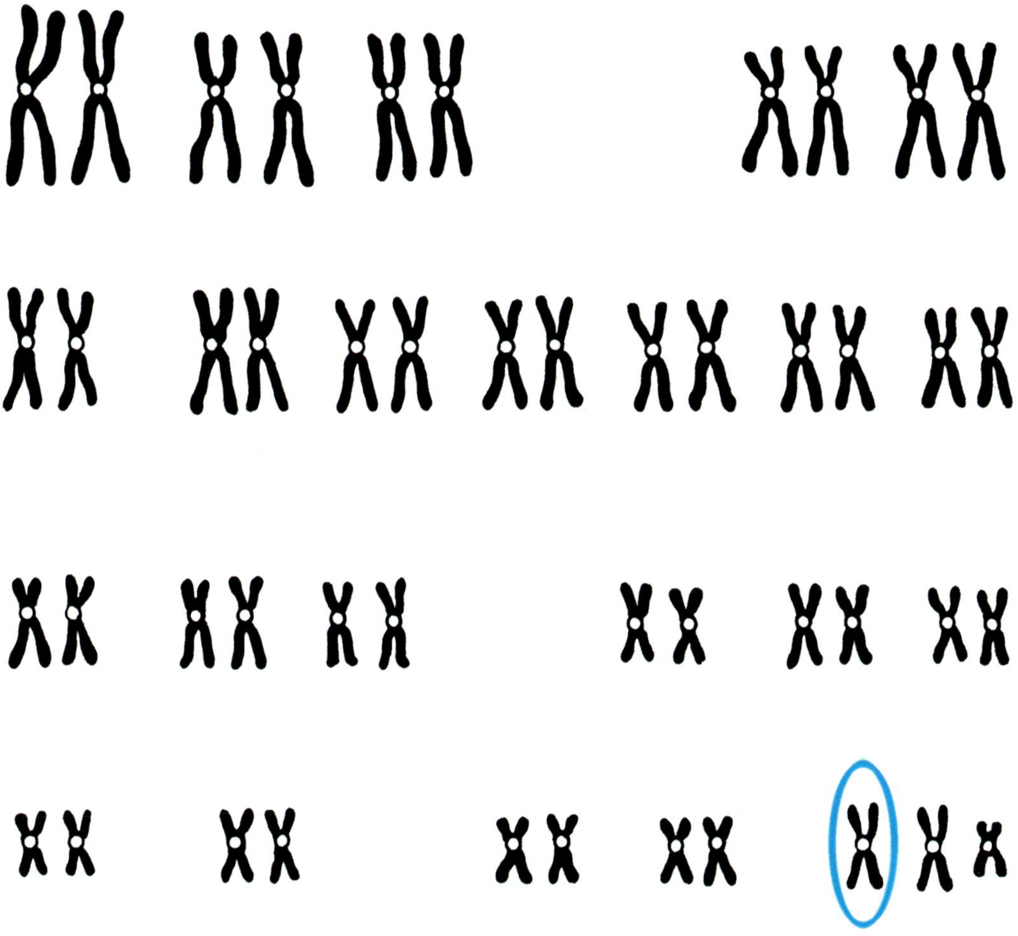

La mayoría de las personas tienen dos copias del cromosoma 21. Las personas que tienen tres copias desarrollan el síndrome de Down.

El cáncer es el crecimiento incontrolable de las células. Ciertos genes contienen información para controlar el crecimiento y la división celular. Si estos genes mutan, no pueden controlar el crecimiento celular. Entonces, las células crecen sin control y el cáncer se disemina.

Los cánceres de mama y de ovario son causados casi siempre por mutaciones de ciertos genes, y no por herencia. Sólo entre el cinco y el diez por ciento de los casos de estos cánceres son hereditarios.

Los científicos conducen investigaciones para encontrar tratamientos y curas para enfermedades genéticas. Elizabeth Blackburn recibió el Premio Nobel en 2009 por su investigación sobre cómo los cromosomas se protegen durante la división celular.

Más de un tipo de mutación puede causar cáncer, lo que significa que el cáncer se puede desarrollar de varias formas. Algunas condiciones en el medio ambiente parecen también afectar el desarrollo del cáncer. Por ejemplo, algunos productos químicos en el aire, el suelo, y el agua se han relacionado con el cáncer. Todavía hay mucho que aprender sobre el cáncer y el papel que desempeñan los genes en la causa del mismo.

Capítulo 6

EL FUTURO DE LA GENÉTICA

En 1990, el Proyecto **Genoma** Humano reunió a científicos de Estados Unidos, el Reino Unido, Francia, Alemania, Japón y China para identificar el genoma humano. Un genoma es el conjunto completo de ADN en un **organismo** vivo. El objetivo de los científicos era identificar la secuencia del código genético en los humanos, los 3 mil millones de pares de bases en los 23 cromosomas. En 2003 el proyecto había finalizado exitosamente.

El Dr. Francis Collins, director del Instituto Nacional de Investigación del Genoma Humano, anunció el éxito del Proyecto Genoma Humano en 2003.

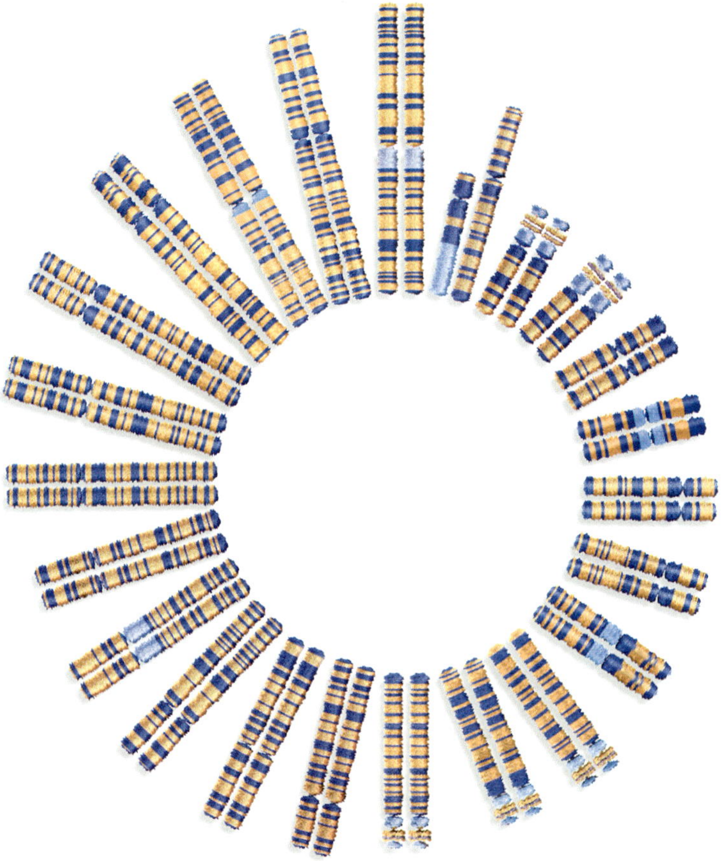

El modelo del genoma humano muestra las ubicaciones de genes específicos en los 46 cromosomas.

El genoma humano actúa como un modelo de cómo funciona el cuerpo. La información obtenida del Proyecto Genoma Humano sobre el ADN se usa para las investigaciones en medicina, tecnología y ciencias de la vida.

La **ingeniería genética** es un método para eliminar, cambiar, o añadir genes al ADN y modificar la información que contiene. El ADN alterado se introduce dentro de bacterias y virus. Las bacterias y las células del virus son útiles porque se duplican en el cuerpo. Cuando las bacterias y los virus se introducen en un ser vivo, se reproducen las células que tienen el ADN modificado.

La ingeniería genética ha sido utilizada en la agricultura. Los cultivos se han modificado para resistir plagas y enfermedades y mejorar la cantidad y calidad de los alimentos que se producen. El arroz dorado es un ejemplo de un alimento modificado genéticamente. Contiene el nutriente beta-caroteno que se convierte en vitamina A dentro del cuerpo.

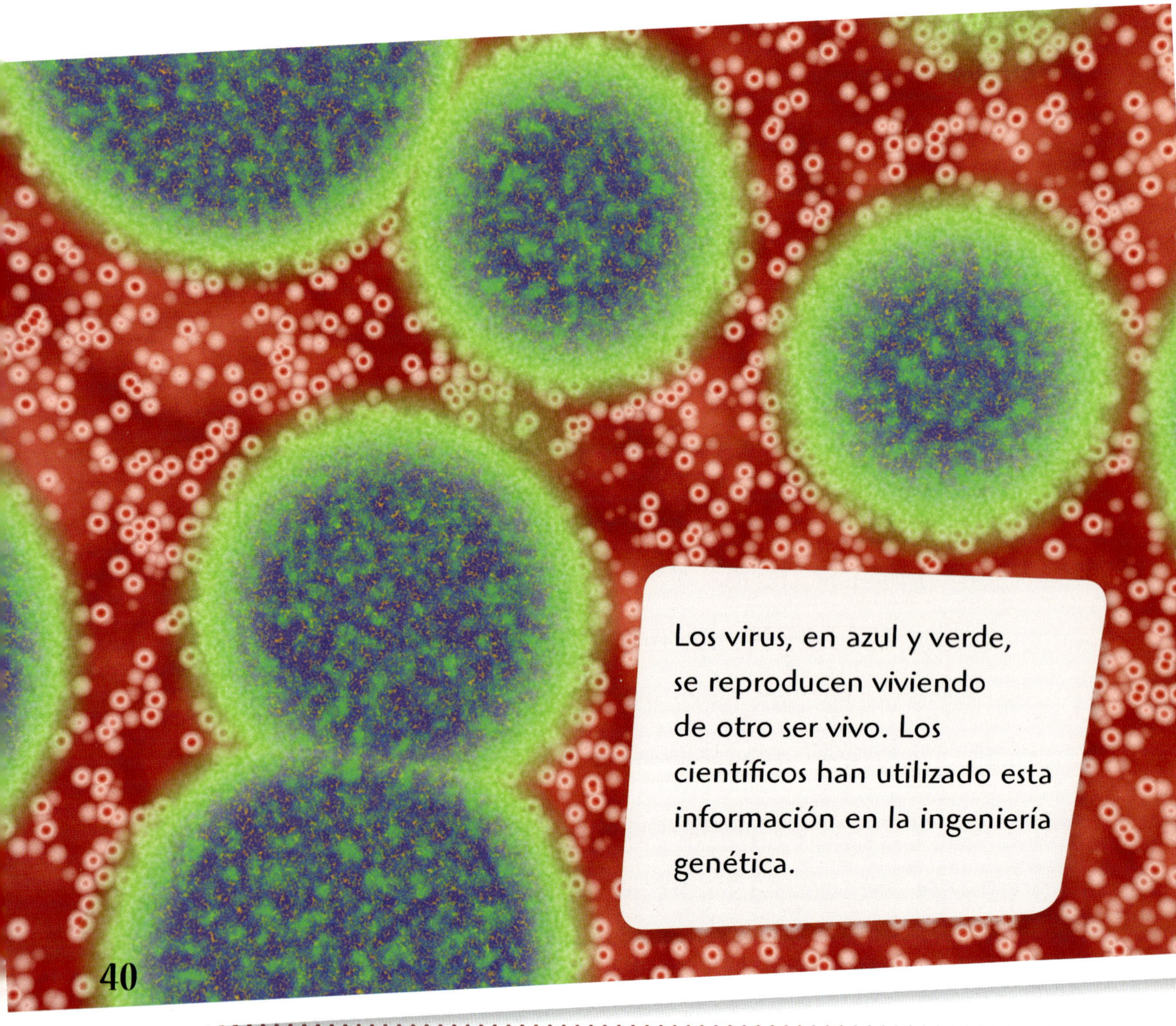

Los virus, en azul y verde, se reproducen viviendo de otro ser vivo. Los científicos han utilizado esta información en la ingeniería genética.

El cultivo de la soja se ha modificado genéticamente.

La clonación es un método que toma el ADN de un ser vivo y lo introduce en un óvulo, donde crece como una copia exacta del organismo original. El ADN de los dos organismos es idéntico. La clonación fue noticia en 1997 cuando la oveja Dolly se convirtió en el primer animal clonado. Sin embargo, lograrlo tomó casi 300 intentos científicos.

La clonación se podría utilizar en el futuro para producir animales que se puedan utilizar en el estudio de enfermedades y tratamientos. Además, los animales en peligro de extinción que no están procreando se podrían reproducir e introducir de nuevo en su hábitat natural. Los órganos podrían ser clonados como "piezas de repuesto" para reemplazar los que estén defectuosos en seres humanos. Pero aún se necesita mucha investigación para que la clonación sea parte de la ciencia y la medicina cotidiana.

Cómo se clonó a Dolly

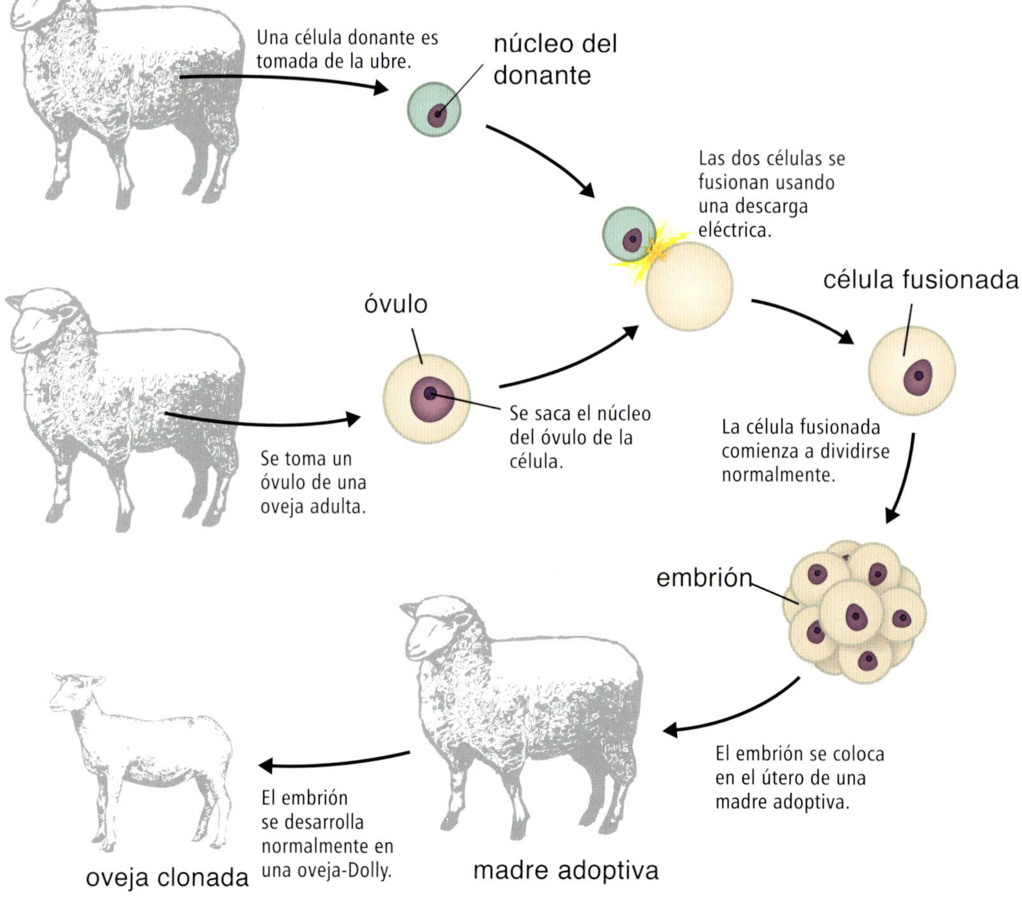

Dolly murió a los seis años en el 2003.

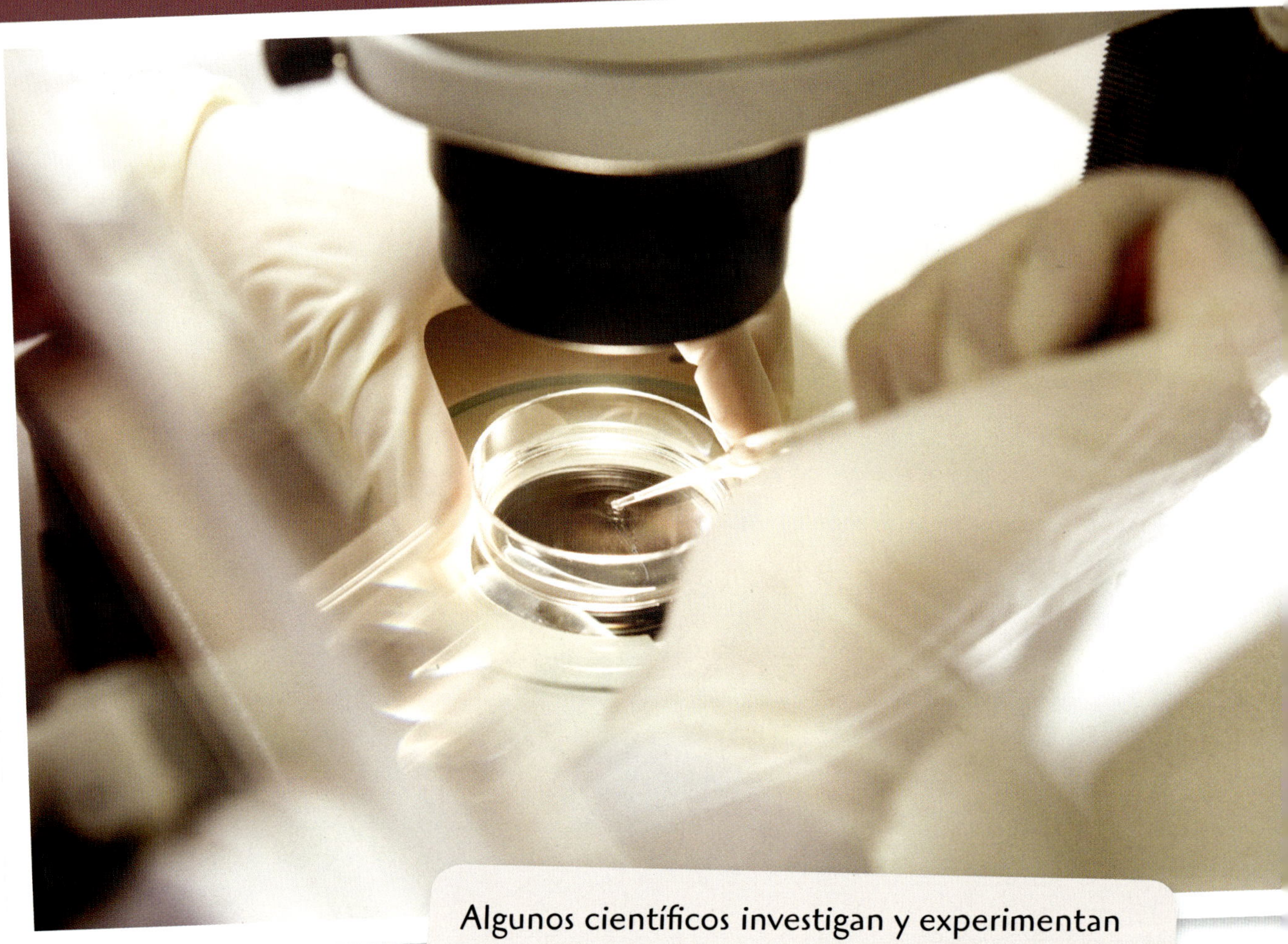

Algunos científicos investigan y experimentan con estudios de clonación para saber cómo transferir las células de un ser vivo a otro.

La ingeniería genética y la clonación parecen ofrecer las respuestas a los problemas genéticos. Pero estos métodos científicos también plantean muchas preocupaciones. A menudo son caros y poco fiables, y muchas personas se preocupan por los efectos perjudiciales que pudieran tener. Los científicos continuarán explorando e investigando la genética y la ingeniería genética durante muchos años más.

¿SABÍAS QUE...?

Cada persona tiene su propia huella dactilar en el ADN. En otras palabras, el código del ADN de una persona es único. A menudo, los detectives buscan en las escenas de delitos evidencias de ADN como muestras de pelo y de sangre. En un laboratorio, esa evidencia de ADN se puede comparar con el ADN de delincuentes conocidos. Si los resultados coinciden, esto podría ayudar a que los detectives resolvieran el crimen.

Glosario

ácido desoxirribonucleico: el material genético codificado de cada individuo

alelo: una de dos formas alternativas de un gen que permite diferentes rasgos

cromosomas: espiral de información en el núcleo de una célula que contiene el código genético de un organismo

cruzado: haber logrado que organismos vivientes se reproduzcan en un ambiente controlado

descendencia: las crías reproducidas por los padres, tales como los hijos de los seres humanos y las semillas que producen nuevas plantas

dominante: un rasgo que aparece en la descendencia si existe en uno de los padres

especies: un grupo de seres vivos que comparten rasgos similares y pueden reproducirse

gen: una unidad pequeña que lleva el código de rasgos hereditarios en los cromosomas

genética: rama de la ciencia que estudia la herencia

genoma: el conjunto completo de ADN en un organismo

herencia: el paso de genes de padres a hijos

ingeniería genética: un método para eliminar, cambiar o agregar genes al ADN para modificar la información existente

mutación: un cambio en el código de ADN

organismo: un ser vivo

recesivo: un rasgo que debe ser contribuido por ambos padres para mostrarse en su descendencia

Índice

Páginas web para visitar

learn.genetics.utah.edu/content/begin/dna/ library.thinkquest.org/28599/
www.brainpop.com/science/cellularlifeandgenetics/
www.neok12.com/Genetics.htm

Acerca de la autora

Shirley Duke escribe ficción y no ficción para niños y adolescentes. Desde niña disfrutó el estudio de las ciencias. Enseñó ciencias, lectura, e inglés como segundo idioma durante 25 años en las escuelas públicas, en niveles de primaria, escuela intermedia y secundaria. Tiene una licenciatura en biología y una maestría en educación de la universidad de Austin. Sus aficiones incluyen la lectura, la jardinería y cocinar. Ella creció en Dallas y vive con su marido en Garland, Texas.